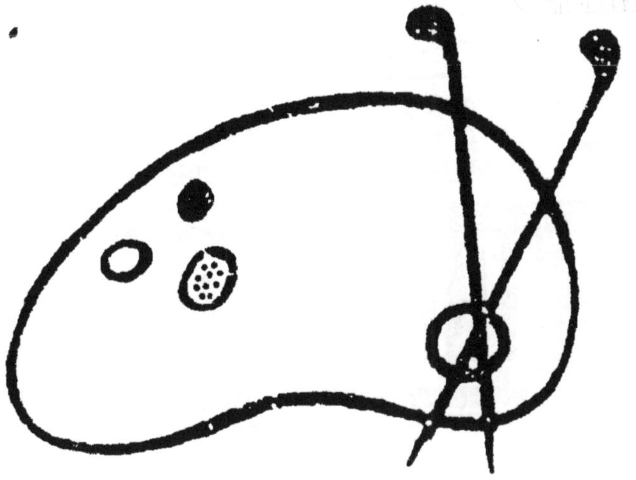

Début d'une série de documents
en couleur

N° 63   Prix : **10 centimes.**

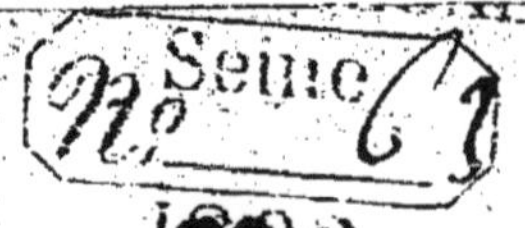

LE LIVRE POUR TOUS

MILLE ET UN MANUELS POPULAIRES

ARMÉE

LES FUSILS A TIR RAPIDE

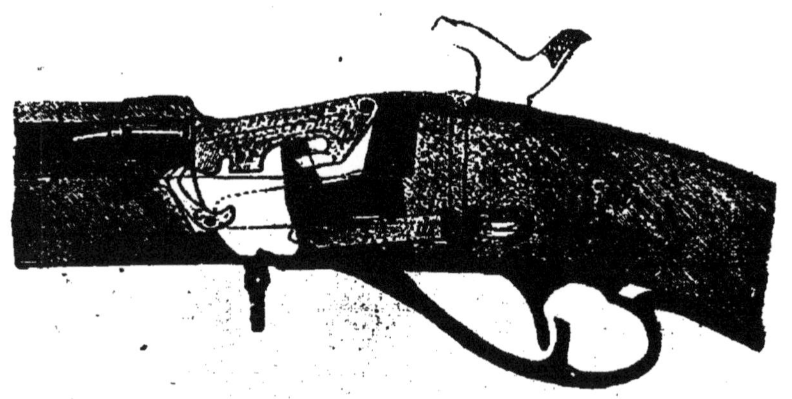

L. BOULANGER, éditeur, 90, boul. Montparnasse, PARIS.

LE LIVRE POUR TOUS

VOLUMES PARUS

POUR PARAITRE

10 centimes le volume.

LE LIVRE POUR TOUS

Aujourd'hui un livre, quel qu'il soit, ne peut compter sur un grand succès durable que s'il est tellement *bon marché* que tout le monde puisse l'acheter sans compter, s'il est *tellement intéressant* et utile, que tout le monde dise : « *Je veux le lire, l'avoir et le garder.* »

Or il n'y a pas de livres d'un intérêt plus réel, d'une utilité plus pratique et plus constante que ceux qui fournissent des *renseignements précis et complets* sur ce que tout le monde veut savoir et doit connaître.

Mais ces livres d'information et de référence ne sont vraiment bons qu'à la condition d'être des guides toujours sûrs, des conseillers toujours prêts à répondre exactement aux nombreuses questions que l'on a sans cesse à résoudre. Ils doivent être méthodiques, exacts, clairs, faciles à manier, commodes à emporter partout avec soi. Ils doivent en outre constituer dans leur ensemble la meilleure et la plus parfaite des encyclopédies; et en même temps chacune de leurs parties doit former un tout distinct, de telle sorte que celui qui veut se contenter de cette partie unique y trouve tout ce dont il a besoin.

Un dictionnaire ne peut réunir ces avantages : s'il est volumineux, il est cher et par conséquent pas à la portée de tous; s'il est petit, il est restreint, et les articles en sont nécessairement écourtés, incomplets. De plus le dictionnaire renvoie d'un mot à l'autre, il ne peut se lire à la suite, il contient des redites. Les manuels, les traités sont évidemment plus utiles, mais ils sont d'ordinaire d'un prix élevé, surtout quand il s'agit de questions spéciales ou scientifiques ou techniques.

Nous avons pensé qu'il restait à créer une collection réunissant, à la fois, l'utilité des dictionnaires et celle des manuels, et d'un prix si minime que tout le monde puisse se la procurer.

Nous avons donné à cette collection un titre général disant d'un mot ce qu'elle est :

Le Livre pour tous, c'est-à-dire le livre indispensable à tout le monde, le livre auquel on doit avoir recours en toute occasion et qui mérite toute confiance.

Le Livre pour tous donne à tous les connaissances nécessaires à tous. Il est le vade-mecum de toute instruction pratique, le répertoire de toutes les sciences usuelles.

Le Livre pour tous est le livre de tous ceux qui travaillent, qui étudient, qui s'informent, qui veulent s'éclairer, c'est-à-dire tout le monde.

Ce qui distingue notre collection de toutes celles que l'on a publiées dans le même genre et ce qui fait sa supériorité sur toutes les compilations adressées aux lecteurs sous prétexte de vulgarisation, ce qui doit lui donner la préférence sur les dictionnaires et les manuels, c'est, nous le répétons :

1° Le *bon marché*. Chacun de nos volumes ne coûte que 10 centimes, et contient comme texte le tiers d'un volume ordinaire de 300 pages vendu 3 fr. 50 et même de 4 à 6 francs.

2° *L'abondance et l'exactitude des renseignements.* — Chacun de nos volumes est rédigé avec le plus grand soin par des auteurs compétents d'après les travaux les plus récents et les plus autorisés.

3° La *commodité du format.* — Chacun de nos volumes peut facilement tenir dans la poche, on peut l'emporter avec soi à la promenade, le lire en voiture, en omnibus, en chemin de fer.

4° La *clarté du texte.* — Les volumes sont imprimés en caractères neufs, lisibles sans fatigue, et les matières sont disposées de telle sorte que d'un coup d'œil on trouve ce que l'on cherche.

5° La *valeur documentaire.* — Chaque volume forme un tout; mais l'ensemble des volumes forme une encyclopédie. Dans chaque volume, chaque sujet est traité à fond. De plus chaque volume est accompagné de documents, de tables de références, de tables statistiques, etc., qui sont d'un usage précieux.

Il suffit d'avoir sous les yeux un seul de nos volumes pour se rendre compte de l'importance de notre collection et des services qu'elle rend.

Tous les volumes de la collection sont rédigés avec le même soin, d'après la même méthode et dans le même but d'utilité.

N. B. Le Livre pour tous peut être mis dans toutes les mains. C'est la meilleure récompense à donner aux élèves dans toutes les écoles. C'est la collection la plus utile à tout le monde.

L'éditeur-gérant : L. BOULANGER.

Sceaux. — Imp. Charaire et Cie.

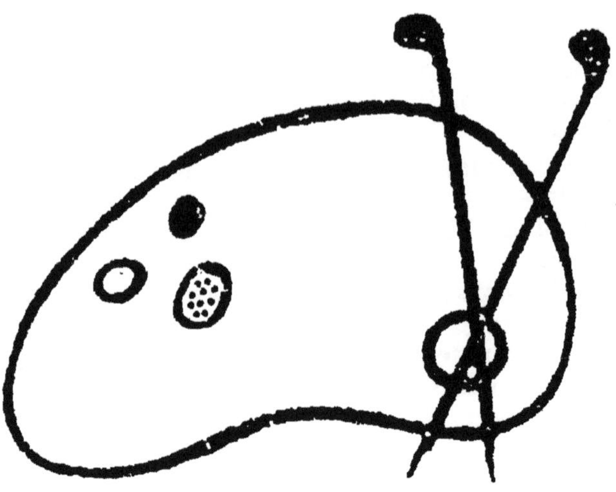

Fin d'une série de documents
en couleur

LES FUSILS A TIR RAPIDE

LES FUSILS A TIR RAPIDE

La question des fusils à répétition est une de celles qui préoccupent le plus vivement l'opinion publique, et cela se comprend facilement, car à cette époque de paix européenne où toutes les puissances entrent dans une nouvelle période de sacrifices pour s'armer jusqu'aux dents, on voudrait que nos soldats ne se trouvassent pas dans des conditions d'infériorité matérielle, vis-à-vis de ceux qui seraient susceptibles de les attaquer.

Dans la presse, comme dans le public, on est très divisé sur la valeur réelle des nouvelles armes, qu'on étudie partout qu'on fabrique même déjà en certains pays ; les uns les louent, sans restriction, les autres les critiquent sans atténuation ; tous ont raison et tous ont tort, selon le point de vue auquel on se place, car les fusils à répétition ont du bon et du mauvais, comme on le verra plus loin, quand nous aurons passé en revue tous les systèmes dont ils dérivent.

Nous ne nous occuperons donc dans cette étude, un peu sommaire, mais suffisamment développée pour que chacun puisse se faire une opinion, que des armes de guerre et seulement de celles qui se chargent par la culasse, c'est-à-dire remplissant la première condition d'un tir vraiment rapide.

L'idée de charger les fusils par la culasse est loin d'être nouvelle, ce qui s'explique par les nombreux inconvénients du chargement par la bouche, mais nous ne remonterons pas jusqu'au roi Henri II, inventeur du premier fusil de ce genre que l'on vit en France (1540), ni même au maréchal de Saxe, qui imagina pour le fusil de rempart, un système qu'il fît adapter aussi aux carabines de la cavalerie et dont il arma ses dragons et ses uhlans; nous ne parlerons pas davantage du fusil Chaumette (1752) ni du fusil qu'on appelle de Vincennes, parce que c'est là qu'il fut mis en expérience en 1775, ni du fusil Montalembert qui parut l'année d'après, ni du fusil Pauly (1808), bien que ce fut la première idée du fusil à aiguille, ni du fusil Julien Leroy (1818), ni du fusil Pottet qui, le premier, employa les cartouches à culot de cuivre.

Nous partirons du fusil Robert qui date de 1831, à peu près à l'époque où parut le fusil Lefaucheux — dont nous n'avons pas à parler ici, parce que c'est spécialement une arme de chasse — car c'est avec celui-là que commence la série des systèmes pratiques.

FUSIL ROBERT

Ce fusil se compose d'un canon ouvert à sa partie postérieure et d'une culasse réunie à un levier, qu'on élève ou qu'on abaisse par le moyen d'un anneau, et qui s'applique exactement sur l'orifice du canon.

Cette culasse fait corps avec deux joues qui la prolongent et tournent autour d'une forte vis; sa partie antérieure est prolongée par une petite pièce qui est le *bandeur*, dont l'extrémité appuie, par une petite roulette, sur un ressort attaché à la sous-garde, lequel est terminé par un marteau dont la partie supérieure, nommée *croissant*, fait enflammer la cartouche en frappant de bas en haut le petit tube renfermant l'amorce fulminante.

Le mécanisme paraît assez compliqué, mais la manœuvre est très simple : pour charger le fusil on saisit le levier par l'anneau et on le soulève, la culasse s'ouvre, découvre la chambre du canon, on y introduit la cartouche, on referme la culasse par le mouvement contraire du levier et il n'y a plus qu'à tirer, en pressant la détente.

Ce système n'a pas donné de résultats très satisfaisants, parce qu'on n'employait pas des cartouches suffisamment obturatrices, mais il est évident que les crachements de culasse auraient pu être considérablement diminués, tout à fait supprimés même, par l'emploi de cartouches à culots de cuivre et à percussion centrale, il est vrai qu'on ne les connaissait pas encore à cette époque.

FUSIL TREUILLE DE BEAULIEU

Le système Treuille de Beaulieu n'a été appliqué qu'à la fabrication des mousquetons, dont étaient armés les cent gardes de Napoléon III, mais il était dans la pratique bien avant qu'on ne parlât du fusil à aiguille.

Dans ce système qui n'était pas parfait, et dont le maniement demandait quelques précautions, le tonnerre se découvre lorsqu'on abaisse une culasse mobile appelée *verrou*, au moyen de la sous-garde, qui est la queue de ce verrou et forme ressort.

Ce ressort joue le rôle des chiens du fusil à piston et lorsqu'on presse la détente, il frappe sur une petite tige métallique qui s'appuie sur la capsule fixée dans le culot de la cartouche ; naturellement, par ce choc, l'amorce s'enflamme et le coup part.

Et c'est précisément pour cela que le fusil est dangereux, parce que les organes du mécanisme en sont trop délicats, et qu'à moins de prendre des précautions, — impossibles dans une bataille, où l'on n'a pas précisément tout son sang-froid, — le coup peut partir avant que l'on ait son fusil à l'épaule.

FUSIL DREYSE

Cette arme qui a tant fait parler d'elle sous le nom de « Fusil à aiguille » est inventée, disent les uns, depuis 1827, depuis 1848, disent les autres.

Les Prussiens s'en servirent pour réprimer la révolte du grand-duché de Bade, et bien plus sûrement dans les deux campagnes qu'ils firent contre le Danemark, mais elle n'est célèbre que depuis 1866.

Il faut dire, elle était, car après avoir été modifiée, elle a été remplacée tout à fait par le fusil Mauser, qui, lui-même, est en train de disparaître devant le fusil à répétition.

« Le fusil à aiguille, à dit M. Wolf dans l'*Evénement*, au moment où l'on commençait à en parler, se charge par la culasse, on le sait déjà, mais il ne faut pas le confondre, avec les carabines à bascule qu'on remarque aux vitrines de nos

armuriers. L'arme prussienne ne bouscule point. Elle ressemble, à peu de chose près, à un fusil ordinaire, dont elle a
d'ailleurs la taille et le poids, la même crosse, la même
force de canon, les mêmes proportions... Seulement, la bat-
terie est absente. Du côté droit du canon, à la place du chien
qui s'abat sur la capsule, on remarque un bout de fer, haut
de cinq centimètres et de deux centimètres de diamètre, qui
s'élève droit au-dessus du canon et devient au besoin une
sorte de casse-tête dans les assauts, où les soldats prussiens
aiment à jouer de la crosse et de ses dépendances.

« Le soldat croise la baïonnette et tient le fusil de la main
gauche, en appuyant la crosse au côté droit. En frappant un
petit coup sec du creux de la main droite contre la clef en
fer, dans la direction de droite à gauche, elle se déplace, et
le canon s'ouvre sur une longueur de cinq ou six centimètres
le soldat dépose sa cartouche dans la cavité, donne un léger
coup à la clef en sens inverse et le canon se ferme herméti-
quement.

« Le fusil est chargé.

« La cartouche, garnie en bas d'une couche de fulminate
ne peut plus bouger ; le canon, en se refermant, serre la
balle comme dans un étau, et pour se dégager de cette
étreinte, il lui faut un effort semblable à celui de la balle
forcée des carabines rayées.

« A l'extrémité du canon, au-dessus de la crosse, se
trouve un petit bouton en fer ; en le tirant d'un léger mouvement du pouce, le soldat comprime le ressort auquel est
attachée l'aiguille... il presse la détente, le ressort devient
libre, lance l'aiguille dans un point déterminé de la matière
fulminante de la cartouche et produit l'explosion.

« La manœuvre se fait donc en cinq mouvements et sans
le moindre effort. Premier temps : le canon s'ouvre. Second
temps : on y pose la cartouche. Troisième temps : on ferme
le canon. Quatrième temps : on attire l'aiguille. Cinquième
temps : on lâche la détente.

A cette description pittoresque joignons une explication
technique, avec gravure, pour bien faire comprendre le
mécanisme.

La lettre B de notre dessin indique la culasse mobile qui
vient se joindre au canon par une surface sphéro-conique.

C'est le levier de manœuvre qui sert à faire avancer ou
reculer la culasse mobile, dont le recul met à jour l'ouverture

du canon ou se place la cartouche ; l'espace blanc entre les
deux C inférieurs est le conducteur d'aiguille destiné à former
une chambre à air, où les gaz de la poudre, en se dilatant après
l'explosion, repoussent les débris de cartouche qui pourraient
rester dans le canon. D est le talon qui sert à tendre le ressort
en spirale qui porte l'aiguille, de façon à armer le fusil.

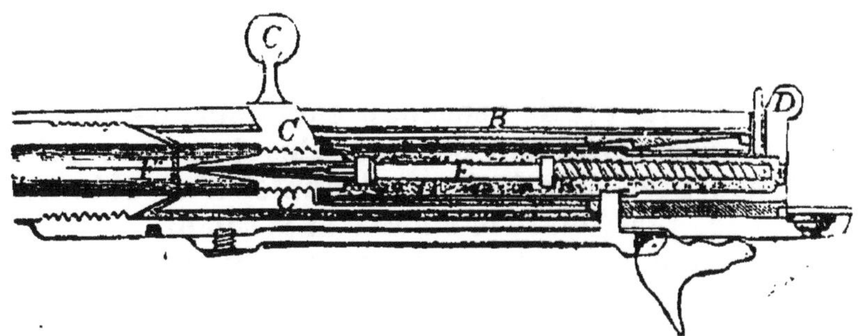

E. est le guide de l'aiguille indiquée par la lettre F, laquelle
est posée à la place où se met la cartouche, car il faut que
l'aiguille traverse toute la poudre pour venir toucher la pastille
fulminante qui détermine l'explosion et qui est placée sous
la balle.

La cartouche se compose d'un tube en papier, fermé d'un
côté et contenant 5 grammes de poudre et une balle de
31 grammes, qui n'en est séparée que par le sabot en carton
embouti, présentant à sa partie inférieure la cavité qui contient la pastille fulminante.

Son poids total est de 40 grammes : ce qui ne permet pas
aux soldats d'en porter beaucoup, le fusil lui-même est très
lourd, il pèse 4 kilos 800.

Ce fut l'un des inconvénients du système, mais non pas le
seul, car l'obturation de la culasse n'étant pas parfaite, le
mécanisme s'encrassait assez facilement ; en outre, les aiguilles
se faussaient vite, se cassaient quelquefois, et en pareil cas
les soldats ont beau en avoir de rechange dans leur giberne,
être très experts dans l'art de les remplacer, on ne peut nul-
lement compter là-dessus, en bataille, et tout homme dont
l'aiguille est faussée est un homme désarmé.

FUSIL CHASSEPOT

Les exploits meurtriers du fusil à aiguille prussien ont mis
toutes les autres nations de l'Europe dans la nécessité d'armer

leurs soldats avec des fusils se chargeant par la culasse; quelques-unes se sont approvisionnées d'armes américaines qui avaient plus ou moins fait leurs preuves dans la guerre de Sécession; la France qui, depuis quelque temps déjà, avait un modèle en expérience, se hâta de l'adopter.

Ce fusil, qui porte officiellement le nom de fusil modèle 1866, est beaucoup plus connu sous celui de M. Chassepot, son inventeur.

Il se compose, en principe, des mêmes éléments que le Dreyse, mais lui est de beaucoup supérieur, d'autant que les pièces du mécanisme sont plus robustes et que les crachements sont à peu près supprimés par l'emploi d'un obturateur en caoutchouc, placé entre la culasse et le canon.

Autres avantages : il ne pèse que trois kilogrammes, permet de tirer sept à dix coups à la minute et porte à mille mètres, tandis que le fusil à aiguille ne peut avoir d'effets utiles au delà de six cents mètres.

Une longue description du fusil Chassepot, aujourd'hui abandonné, parce qu'on a trouvé meilleur encore, serait sans intérêt nous allons seulement expliquer nos gravures.

La lettre A désigne le cylindre ou verrou, pièce principale de la culasse mobile qui est logée dans une boîte de culasse fixée à la portée postérieure du canon et dans laquelle elle a un mouvement de va-et-vient dans le sens longitudinal.

B est la clef qu'il faut relever et tirer en arrière, pour donner à la culasse mobile le mouvement qui démasque l'ouverture E du canon, où se place la cartouche.

C est une tige qui traverse tout le cylindre et qui est en somme le porte-aiguille, composé du ressort à boudin, et du manchon F, dans lequel se place l'aiguille comme dans une gaine et dont elle ne sort que pour aller enflammer la cartouche, c'est-à-dire à l'instant où le coup va partir.

D est le chien au moyen duquel, en le tirant à soi, on bande le ressort de l'aiguille ou, autrement dit, on arme le fusil.

E est la cavité dans laquelle se glisse la cartouche,

F, l'extrémité du porte-aiguille,

, H, la coulisse dans laquelle glisse la culasse mobile.

Le maniement de l'arme est, comme on le voit très facile, et la charge se fait en cinq temps.

1° Armer c'est-à-dire tirer à soi le chien D.

2° Relever, par un coup sec de la main la clef B et la tirer en arrière.

3° Placer la cartouche dans le fusil.

4° Refermer l'arme en faisant avec la clef l'inverse des deux mouvements qu'on vient de faire.

Et 5° presser la détente pour faire feu.

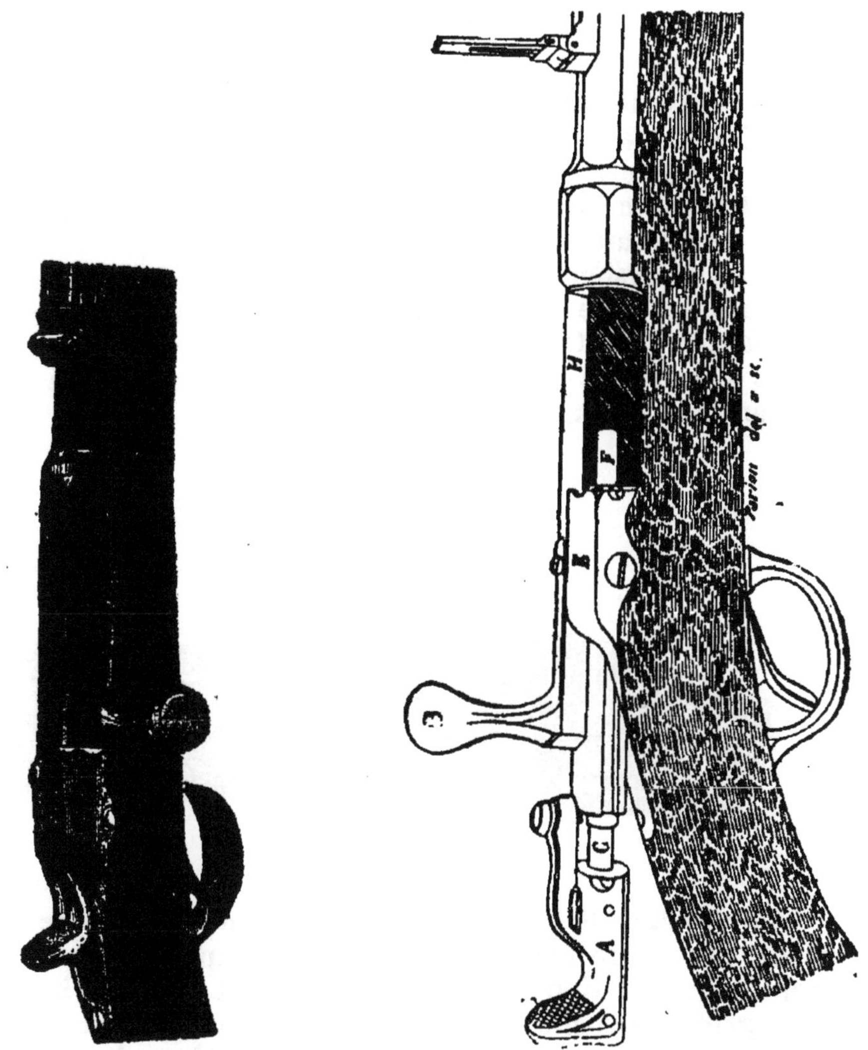

Tel était le **Chassepot**, dont l'inconvénient principal, on pourrait peut-être dire le seul, était sa cartouche en papier, recouverte de gaze de soie, d'une fabrication difficile et coûteuse et qui craignait l'humidité et se détériorait considérablement par le maniement.

On essaya d'améliorer la cartouche, mais on ne put trouver de remède que dans l'emploi d'une cartouche métallique, ce qui amena insensiblement au . fusil Gras, dont nous parlerons plus loin, quand nous aurons passé en revue les fusils étrangers les plus connus.

FUSIL BERDAN.

Le fusil américain Berdan, adopté par l'armée russe, est la première en date des armes modernes, dites à verrou, parce que la fermeture du canon est faite par un verrou allant et venant sur le même axe que le canon et renfermant le mécanisme de percussion.

Dans ce système, la cartouche métallique à inflammation centrale, est mise en place par la pression du verrou poussé en avant et rabattu ensuite sur le tube, elle est retirée vide par le mouvement d'ouverture, au moyen d'un extracteur, qui agit en même temps que le verrou.

L'extracteur Berdan est des plus simples, ce qui ne l'empêche pas d'être très efficace. Il se compose d'une griffe montée sur une tige que maintient un petit ressort à boudin ; cette griffe accroche le bourrelet de la cartouche et la retire horizontalement lorsque l'on ouvre l'arme, jusqu'au moment où elle rencontre dans la pièce de culasse, une petite pièce qui la fait basculer et la fait sauter au dehors.

Les pièces du mécanisme sont également très simples et de fabrication facile. Elles ressemblent assez d'aspect extérieur à celles du fusil Chassepot, d'autant qu'il y a aussi un bouton pour armer le fusil et un levier pour ouvrir et fermer la culasse, mais la percussion en diffère complètement parce que la tige D, qui passe au milieu du verrou, vient obliquement comprimer le ressort de percussion C, qui se détend et enflamme la cartouche, par l'action de la détente sur la gâchette.

FUSIL VETTERLI.

Le fusil suisse Vetterli, est également un fusil à verrou, que l'armée fédérale emploie aujourd'hui, additionné d'un mécanisme à répétition que nous étudierons plus loin.

C'est une arme solide, d'une construction simple et d'un maniement facile.

Le levier qui actionne le verrou fait corps avec une espèce de cylindre, muni de deux ailettes logées dans la partie postérieure de la boîte de culasse, quand le verrou est rabattu pour fermer l'arme, et qui trouvent passage dans un évidement *ad hoc*, si on relève le levier pour retirer le verrou ; l'effort du recul porte sur ces ailettes, qui, à cause de cela sont très résistantes.

La broche percutante, qui traverse le verrou, fait corps avec une traverse qui porte à la partie inférieure deux crans comme une noix de platine où vient s'engager la gâchette, mue par la détente, et dont la supérieure est en contact par une sorte de chanfrein avec le cylindre.

Ce cylindre est évidé en deux plans inclinés, de façon à augmenter la course de la broche percutante.

L'appareil d'extraction est un long ressort fixé sur le verrou par une goupille et terminé par un crochet, qui saisit la cartouche par le bourrelet et l'entraîne en dehors du canon, comme dans le fusil Berdan, lorsqu'on ouvre la culasse.

FUSIL PEABODY

Le fusil Peabody, qui servit en Amérique pendant la guerre de Sécession, est la plus ancienne des armes, dites à bloc, parce que dans ces systèmes un bloc de culasse, interposé entre le canon et la monture, permet par son déplacement l'ouverture et la fermeture du fusil.

Dans le peabody, c'est la sous-garde qui sert de levier pour mettre le mécanisme en mouvement, de la partie exté-

rieure du moins, car intérieurement le levier se coude en *b*,
et se prolonge en deux petits bras qui s'engagent dans les
crochets du bloc de culasse D, mobile verticalement, par le
moyen du ressort G, sur la broche transversale H.

Si l'on appuie sur la sous-garde, le bloc s'abaisse, démasque l'entrée du canon et permet l'introduction de la cartouche
par une rigole A, évidée en plan incliné, après l'extraction de
la cartouche s'il y a déjà eu un coup de tiré.

Cette extraction se fait automatiquement par l'effet du
bloc qui, entraîné par un mouvement rapide, frappe une des
branches du levier coudé F, dont l'autre, engagée sous le bourrelet de la cartouche, obéit au choc et fait sauter la cartouche
au dehors, par la rigole.

Un mouvement inverse du levier fait remonter le bloc de
culasse, qui est forcé de se mettre en parfait contact avec la
branche du canon par l'effet des petites branches internes du
levier.

La percussion a lieu à l'aide d'une platine ordinaire, dont
le chien frappe sur une tige glissant dans une rainure laté-
rale du bloc de culasse et qui est coudée, si l'on emploie des
cartouches métalliques à percussion centrale.

FUSIL MARTINI-HENRY

Le Martini-Henry, qui sert à l'armement des troupes
anglaises, est l'accouplement de deux systèmes : la fermeture
Martini, adaptée au canon de carabine rayée de Henry.

En somme, au point de vue du mécanisme, c'est le système Martini, qui n'est lui-même qu'une modification du Peabody.

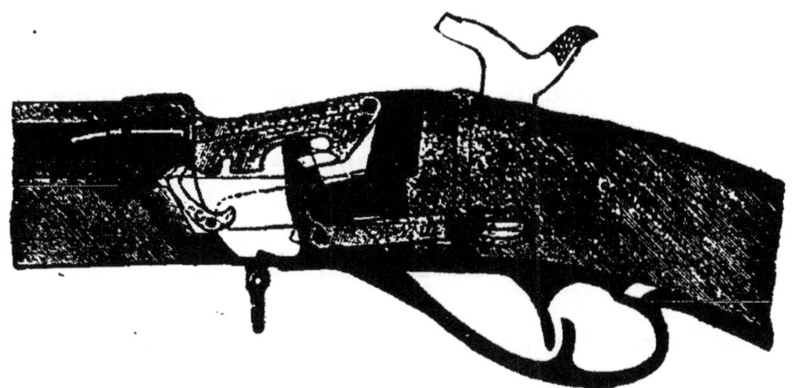

C'est le même bloc de culasse, la même façon de le faire mouvoir par le levier sous-garde; la seule différence est dans l'appareil de percussion, car le chien qui est en communication avec la branche coudée du levier, se trouve commandé par celui-ci, de sorte qu'il suffit d'un seul mouvement de la sous-garde pour ouvrir l'arme, et en retirer la cartouche tirée et tendre le ressort à boudin du percuteur pour le coup suivant.

Un second mouvement, contraire, ferme le fusil chargé et il n'en faut plus qu'un troisième pour faire feu.

FUSIL WERNDL

Ce fusil, en service dans l'armée austro-hongroise est d'un mécanisme fort ingénieux. Dans une forte pièce de culasse vissée au canon, est ménagé l'emplacement d'un cylindre pivotant sur un axe parallèle à celui du canon et au-dessous de lui.

Ce cylindre que l'on manœuvre au moyen d'une oreille, de gauche à droite pour ouvrir l'arme, et dans le sens contraire pour la fermer, présente dans le premier mouvement une rigole en plan incliné comme dans le Peabody, pour permettre l'introduction de la cartouche, et dans le second s'appuie par une partie plane sur l'orifice du canon.

La cartouche, placée dans la chambre et recouverte par le mouvement du cylindre, la percussion a lieu par le choc du

chien sur une tige, qui a son passage dans la pièce de culasse
et dans le cylindre, mais seulement dans le cas où ce dernier
est dans la position de fermeture, ce qui fait que la pointe du
chien sert en même temps à maintenir l'appareil solidement
immobile.

L'extraction de la cartouche tirée se fait, comme dans les
systèmes précédents, au moyen d'un levier articulé, dont une
extrémité agit sous le bourrelet de la cartouche et l'entraine
quand le mouvement du cylindre le met en jeu.

FUSIL REMINGTON.

Le Remington est un des plus répandus des fusils américains, bien qu'aucune grande puissance de l'Europe ne l'ait
adopté pour son armement.

Bien que n'étant pas absolument à bloc tombant, il procède
du Peabody et de ses imitations, mais aussi des carabines de
salon Flobert, dont le chien en percutant forme culasse.

Voici du reste sa disposition :

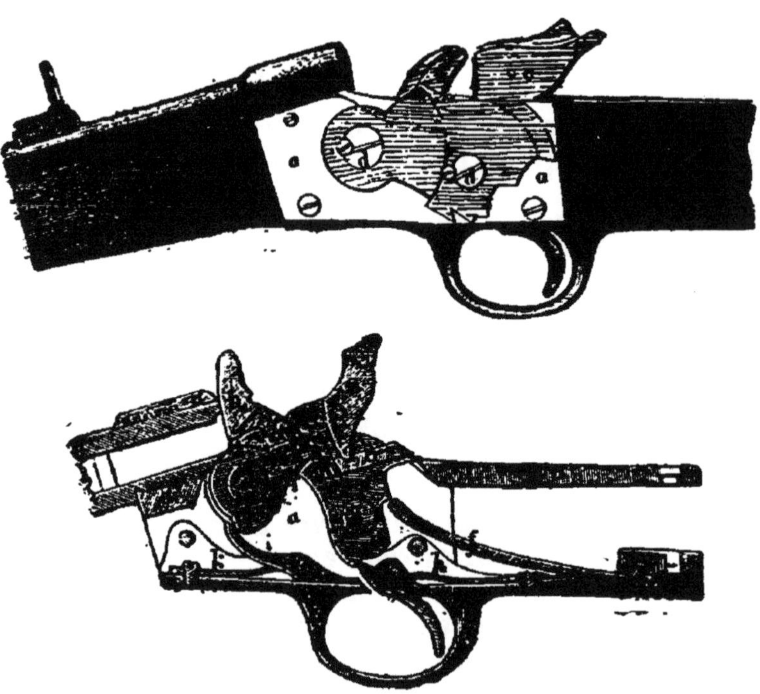

Une pièce très forte b, qui est la fausse culasse, est maintenue dans la boîte de culasse par un bouton d, dont l'axe

est perpendiculaire au plan de tir, une autre pièce *c*, qui est le chien est maintenu, également par un boulon semblable *d* et les deux broches-pivots traversent la boîte de culasse, de part en part.

Le chien est disposé pour faire en même temps les fonctions de noix et de pièce de recul, et il obéit à un ressort droit *f* fixé par une vis sur la sous-garde, qui tend toujours à le faire tourner en avant. Deux crans le maintiennent au bandé et au repos par l'intermédiaire de la gâchette *g*.

La manœuvre est très simple, si l'on arme le chien, il tourne sur son pivot en glissant sous la fausse culasse, celle-ci devient alors libre et peut s'abaisser par un mouvement identique à celui qu'on a fait faire au chien, pour ouvrir le fusil et permettre l'introduction de la cartouche.

Dans cette position le chien est à son tour immobilisé et ne pourrait retomber, même si la détente agissait, car il butterait sur la fausse culasse qu'il ne pourrait entraîner ; l'arme ne peut donc s'ouvrir que si le chien est armé et celui-ci ne peut tomber que si la culasse est fermée, c'est à dire quand le fusil est chargé ; ce qui est une grande sécurité.

L'extracteur est la partie faible du système, il peut cependant fonctionner convenablement avec des cartouches bien faites.

FUSIL MAUSER

Les graves inconvénients montrés par le fusil à aiguille pendant la guerre de 1870-71, aussi bien que la supériorité reconnue du Chassepot, mirent le gouvernement allemand dans la nécessité de changer son arme de guerre, ou tout au moins de la modifier.

Et il n'y perdit pas de temps, car dès la fin de 1871, quelques régiments d'infanterie étaient armés déjà du fusil Mauser.

Ce fusil est une transformation du fusil à aiguille, avec plus de simplicité dans le mécanisme et surtout avec l'emploi des cartouches métalliques.

Le défaut capital du fusil Dreyse étant ses crachements, le nouvel inventeur chercha le moyen d'obturer la culasse le plus complètement possible, et il ne trouva point dans la rondelle en caoutchouc du Chassepot, qui, du reste, était loin d'être parfaite, à cause des deux grands défauts du caoutchouc, sa

compression par le froid et son altération par l'huile qui agit
sur lui comme l'acide sur le bois.

Alors, il adopta les cartouches à culot de cuivre, puis défini-
tivement les cartouches complètement métalliques à percussion centrale, qui sont en réalité ce qu'il y a de plus pratique.

Ce système permet de réduire la course du percuteur, aussi
M. Mauser remplaça-t-il l'aiguille si fragile, et en somme si
peu sûre, par une tige très solide que le mouvement de la
manotte suffit à armer, grâce à la disposition, d'ailleurs excellente, empruntée au fusil suisse de Vetterli et qui consiste en
un double plan incliné terminant la tête du percuteur, comme
la face postérieure de la partie glissante.

Un dessin fera comprendre cette disposition du percuteur,
qui est en somme la seule modification apportée à l'ancien
fusil à aiguille.

Lorsqu'on dresse la manotte A, le plan incliné fait reculer
la pièce de percussion C qui porte le percuteur B, en comprimant le ressort à boudin et comme il y a un arrêt placé à la
partie supérieure le système reste à l'état armé.

Alors, pour dégager l'ouverture du canon, on tire à soi la
culasse mobile, dont la partie antérieure est munie d'un extracteur, crochet à bascule qui tire en arrière l'enveloppe de la
cartouche qu'on enlève alors avec le doigt.

La chambre libre, on y introduit une nouvelle cartouche,
qui est enfoncée dans le canon par le mouvement en avant
de la culasse mobile, qui referme le canon en produisant seulement une forte pression sur la cartouche, de manière à
assurer l'obturation complète, mais sans jamais provoquer une
inflammation prématurée, ce qui arrivait quelquefois avec le
Chassepot.

Inutile de dire que la culasse mobile devenue un cylindre
obturateur, se manœuvre à l'aide de la manotte A, que l'on
tourne à gauche pour ouvrir le canon, et à droite pour le
refermer, mais il faut remarquer qu'en tournant la poignée

pour fermer, le maintien de l'arme a été transmis à l'arrêt du ressort de gâchette ; en pressant la détente on fait baisser cet arrêt, et le ressort à boudin, devenu libre par ce dégagement, lance en avant le percuteur B qui provoque l'inflammation de la cartouche, en frappant sur la fulminate emmagasiné dans son culot.

Ce système était supérieur au Chassepot, mais il fut bien vite dépassé par celui du commandant Gras qui est jusqu'à présent, sans égal.

FUSIL GRAS

Le fusil Gras, appelé officiellement fusil modèle 1874, est une transformation du Chassepot, la réponse au fusil Mauser, transformation du Dreyse, et supérieure au Mauser comme le Chassepot était supérieur au fusil à aiguille : c'est, du reste, l'arme de guerre la meilleure que l'on connaisse, celle qui réunit le plus de qualités et qui a le moins de défauts, aussi en ferons-nous une description étendue, que nous emprunterons au *Dictionnaire des arts et manufactures*.

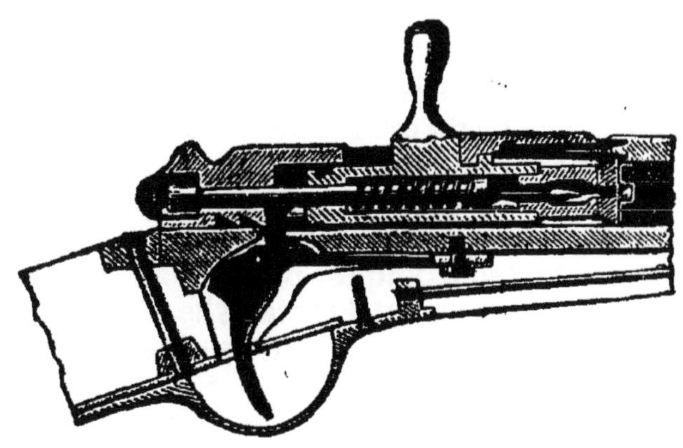

« Le fusil Gras, dit l'auteur de cet article, est encore une arme à verrou, mais appropriée au tir des cartouches métalliques.

« Au lieu d'une aiguille, on emploie, pour mettre le feu à l'amorce, un percuteur mis en action par un puissant ressort à boudin.

« La *chambre*, dans laquelle on place la cartouche, se compose de trois parties coniques raccordées entre elles : 1° la

logement de la balle; 2° celui du collet de cartouche; 3° celu
du corps de l'étui. Elle est faite à la demande de la cartouch
dont elle doit avoir les dimensions à un dixième de mil
limètre près. Cette exactitude est indispensable pour assure
l'obturation et éviter les ruptures d'étui. C'est, en effet
en se dilatant sous l'action des gaz de la poudre et en s'appli
quant avec force contre les parois de la chambre au momen
de l'explosion, que les parois de l'étui métallique de la car
touche assurent l'obturation. On donne à l'étui et à la chambr
une forme conique, pour faciliter l'introduction de la cartouch
et son extraction après le tir.

« La *culasse*, mobile dans une boîte de culasse vissée à l'ar
rière du canon, contient le mécanisme de percussion et port
l'extracteur. Elle comprend trois parties principales : 1°
cylindre et la tête mobile qui composent le système de ferme
ture; 2° l'extracteur relié à la tête mobile; 3° le chien, le per
cuteur et le ressort à boudin, qui sont les parties essentielle
du mécanisme de percussion.

« Le *cylindre* est muni extérieurement d'un levier de ma
nœuvre, comme celui du Chassepot. A sa partie postérieur
se trouve la rainure de départ, dans laquelle pénètre le coi
d'arrêt du chien, au moment où le coup part et dont la ramp
hélicoïdale produit l'armé automatique; on y trouve aussi
cran de l'armé qui sert d'appui au coin d'appel et qui empêch
le chien de tourner, quand la culasse mobile est ramenée e
arrière. A l'intérieur du cylindre se trouve le canal dans leque
sont logés le percuteur et le ressort à boudin.

« La *tête mobile* s'applique contre la partie antérieure d
cylindre et s'y engage par un collet. Elle se termine à l'avan
par une cuvette tronconique, où se loge le culot de la car
touche quand la culasse est fermée. Elle est munie d'un renfoi
qui sert à loger l'extracteur et qui, de plus, la relie au cylindr
pour les mouvements d'ouverture et de fermeture de la culass
mobile, par l'intermédiaire d'un bouton qui s'y engage.

L'*extracteur*, logé dans le renfort, retire automatiquemen
l'étui vide de la chambre, une fois le coup parti; c'est u
ressort à deux branches, dont l'une se termine par un
griffe qui saisit le bourrelet de la cartouche.

« Le *chien* sert à donner la masse au percuteur et
assembler les différentes pièces du mécanisme de percussion
il est invariablement relié au percuteur par l'intermédiair
d'un manchon placé à sa partie postérieure. Il est muni d'u
renfort sous lequel se trouve le *coin d'arrêt* destiné à produir

l'armé et présentant une rampe hélicoïdale identique à celle de la rainure du départ du cylindre.

« Le *percuteur* qui traverse le cylindre de part en part est terminé à l'arrière par un T qui pénètre dans le chien, où il est retenu par le manchon. La tige du percuteur porte vers l'avant une embase sur laquelle agit le ressort à boudin ; cette embase est suivie d'un méplat qui, pénétrant dans une partie ovale du canal de la tête mobile, a pour but d'empêcher le percuteur de tourner quand la tête mobile ne tourne pas ; enfin le percuteur se termine par une pente arrondie.

« Le *ressort à boudin*, ou ressort moteur, est enfilé autour du percuteur dans le canal du cylindre. Il prend appui par son extrémité postérieure contre un ressort que présente intérieurement le cylindre ; son extrémité antérieure s'appuie sur l'embase du percuteur.

« Le mécanisme de percussion est complété, comme dans le fusil Chassepot, par un *ressort gâchette* et une *détente* fixée sous la boîte de culasse.

« Pour charger l'arme on n'a pas besoin, comme dans le fusil Chassepot, d'agir sur le chien pour armer avant d'ouvrir la culasse mobile. Supposons qu'un coup vient de partir : on tournera franchement le levier de droite à gauche, de manière à le redresser et on tirera sans brusquerie la culasse mobile en arrière, pour dégager l'ouverture du canon. Si l'on analyse ce qui s'est passé, on voit qu'en relevant le levier on a fait tourner le cylindre ; que la rampe hélicoïdale du coin d'arrêt a forcé le chien, qui ne peut tourner, à reculer ; qu'en même temps le percuteur a reculé d'une quantité égale à la saillie du coin d'arrêt, en comprimant le ressort à boudin, et que le coin d'arrêt sortant de la rainure du départ est tombé dans le cran de l'armé du cylindre, l'armé s'est ainsi produit automatiquement.

« D'un autre côté, le bouton de cylindre venant engrener dans le renfort de la tête mobile, la tête mobile est prête à suivre le mouvement rétrograde du cylindre. Or, ce mouvement rétrograde commence à se produire pendant qu'on redresse le levier, par suite de l'appui de la vis arrêtoir contre la rampe du cylindre, et il se continue quand on tire la culasse mobile en arrière. L'extracteur, entraîné par la tête mobile, retire l'étui vide de la cartouche qui vient d'être tirée. Dès que l'ouverture du canon se trouve dégagée, on introduit dans la chambre une nouvelle cartouche.

Pour fermer la culasse, on ramène en avant la culasse

mobile et on tourne le levier pour le rabattre à droite ; le coin d'arrêt se dégage du cran de l'armé et le chien est arrêté par la tête de gâchette. Lorsque la rotation finale du cylindre s'achève, l'extracteur franchit le bourrelet de la cartouche. La rainure du départ se trouve alors en face du coin d'arrêt du chien, qui pourra y pénétrer dès que la tête de gâchette ne retiendra plus le chien en arrière.

Le fusil Gras tire une balle de 25 grammes, posée sur 4 grammes 25 de poudre, dans une cartouche métallique à percussion centrale ; sa hausse à rallonge est graduée jusqu'à 1,800 mètres, ce qui indique la puissance de son tir.

LES FUSILS A RÉPÉTITION

Le fusil à répétition, comme son nom l'indique, est une arme avec laquelle on peut tirer plusieurs coups de suite, sans être obligé de la recharger.

Les fusils de tous les systèmes se chargeant par la culasse peuvent être, théoriquement du moins, convertis en fusils à répétition, il suffit de leur adjoindre : soit un magasin où les cartouches à tirer sont disposées d'avance dans un tube placé dans la crosse, dans le fût, ou sous le canon du fusil.

Soit un réservoir à cartouches, qu'on appelle *chargeur* et qui se place sur l'arme ;

Soit un appareil, qu'on appelle *tambour à répétition*, et qui peut s'adapter à n'importe quelle arme à verrou.

Occupons-nous d'abord de ces réservoirs auxiliaires, nous étudierons ensuite les fusils à répétition les plus connus.

Les chargeurs sont de deux sortes, mobiles ou automatiques : mobiles ce sont tout bonnement des cartouchières en bois, en cuir, en carton, ou en métal, qui se placent près de l'entrée de la chambre et dans laquelle le soldat prend les cartouches une à une, pour exécuter le tir rapide.

Les *chargeur Krinka*, en usage dans l'armée russe, qui l'adapte aux fusils Berdan, fait partie de cette catégorie, qu'on a dédaignée parce qu'elle est trop simple, mais qui peut néanmoins rendre de très grands services.

C'est une petite boîte en bois, qui s'adapte sur le fusil au moyen d'une feuille en tôle sur laquelle elle est fixée et qui est recourbé en U pour s'appliquer exactement sur le canon et le bois du fusil ; dans cette boîte les cartouches sont placées à côté les unes des autres. la balle en bas et le culot dépassant un peu, pour que le soldat puisse les saisir facilement l'une après l'autre.

Ce système, pratique et peu coûteux, ce qui permet de donner plusieurs chargeurs à chaque homme, a été adopté tout récemment par la France, où l'on s'en servira en attendant le nouveau fusil à répétition.

Chez nous, le chargeur est en cuir et contient 8 cartouches, mais au lieu d'être fixé au fut, il est placé comme un gantelet, dans les doigts de la main gauche, que le tireur tient naturellement sous la hausse : c'est peut-être encore plus commode.

Les chargeurs automatiques ont la même disposition, seulement ils sont fixé au canon et munis d'un système qui fait placer les cartouches automatiquement dans le canon, lorsque l'on manœuvre la culasse mobile.

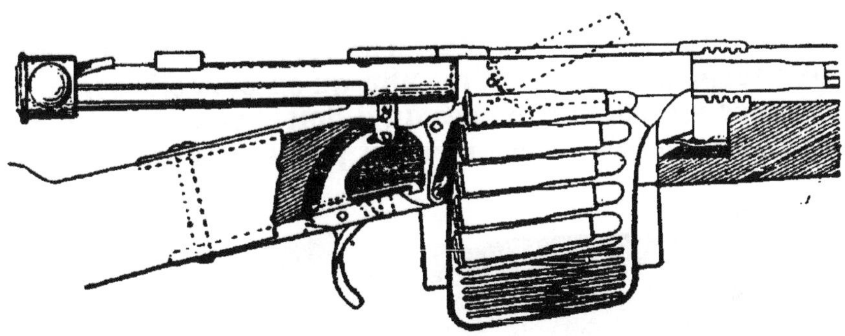

Les Américains ont des quantités de chargeurs automatiques celui de Loëve est le plus connu, parce qu'il fut mis en essai par les Allemands, qui en disaient d'abord des merveilles, mais qui maintenant ne le trouvent plus bon à rien.

Ce chargeur est une boîte en métal contenant 10 cartouches, qu'on adapte autour de la boîte de culasse, où elle est maintenue par un tenon placé sur le bois du fusil.

Poussées par un ressort à boudin, quand on ramène en arrière la culasse mobile, les cartouches tombent l'une après l'autre dans la chambre. On repousse la culasse mobile en avant, l'arme se trouve chargée et le couvercle du chargeur fermé aussitôt, pour ne se rouvrir que lorsqu'on tire en arrière la culasse mobile.

Dans la théorie, ce système est parfait, mais en pratique ce n'est pas de même, le chargeur Loëve est fragile, encombrant, ne fonctionne pas toujours bien et est d'un tel volume, qu'il ôte au soldat toutes les facilités pour tirer, et l'empêche même de manier son arme.

Autrement les Allemands ne l'auraient pas abandonné pour se livrer à la coûteuse fabrication de leur fusil à répétition.

Quant au tambour à répétition, c'est un système de revolver qui contient sept cartouches et peut se remplir jusqu'à trois ou quatre fois par minute; il a été inventé en Amérique, mais nous ne croyons pas qu'il soit encore entré dans la pratique.

Passons maintenant aux armes qui portent leurs magasins avec elles et qui sont les vrais fusils à répétition.

FUSIL SPENCER

Le fusil Spencer est le plus ancien de tous (il date de 1860).

Son magasin est dans la crosse du fusil, percée d'un conduit cylindrique revêtu de métal; il se compose d'un tube qui joue librement dans le cylindre, afin qu'on puisse le sortir pour y déposer les sept cartouches qu'il doit contenir bout à bout, et qui sont poussés successivement par un ressort à boudin.

Lorsqu'on ouvre la culasse, au moyen de la sous-garde et du mécanisme fixé après, qui enlève au moyen du crochet *b*

la cartouche vide que le ressort *f* fait basculer; l'entrée du magasin se trouve démasquée et une cartouche en sort pour venir se placer à l'entrée du canon. En refermant la culasse, en rabattant la sous-garde, on ferme l'entrée du magasin et l'on force en même temps la cartouche à pénétrer dans le canon, où il n'y a plus qu'à la tirer ; une manœuvre pareille, qui peut se faire sans ôter le fusil de l'épaule, en amène une autre et ainsi de suite.

FUSIL HENRY

Dans ce système, le magasin est également un tube, muni d'un ressort à boudin que l'on comprime par la charge, et dont la détente pousse les cartouches dans la chambre ; seulement il est placé sous le canon et non dans la crosse. Ce qui est peut-être plus commode, mais a plus d'inconvénients pour la sûreté du tir, parce que le centre de gravité de l'arme se déplace à chaque cartouche tirée.

La sous-garde, tout en faisant jouer le mécanisme qui masque et qui démasque l'ouverture du canon, qui est en dessous, et non pas en dessus, pour correspondre avec l'ouverture du magasin, — la sous-garde est munie d'une tige *d* qui soulève la cartouche, amenée là par le ressort à boudin, du magasin et l'introduit dans la chambre, d'où elle pénètre dans le canon lorsqu'on fait jouer la sous-garde en sens contraire, c'est-à-dire quand on la rapproche du bois du fusil.

FUSIL WINCHESTER

Le Winchester, qui a fait ses preuves entre les mains des Turcs à la défense de Plewna et surtout des redoutes de Gorni

Dubniak, — genre de guerre où les fusils à répétition sont dans tout leur avantage, — le Winchester est une arme à verrou, qui a pour magasin un tube placé dans le fût, sous le canon et qui contient jusqu'à treize cartouches.

En face du magasin se trouve un chariot transporteur, dans lequel les cartouches viennent se placer l'une après l'autre : lorsqu'on ouvre la culasse mobile, le transporteur se soulève automatiquement jusqu'à ce qu'il soit en face du canon, alors on referme la culasse, qui pousse dans le canon la cartouche du transporteur, pendant que celui-ci redescend à sa place, pour prendre une autre cartouche que lui envoie le ressort à boudin.

FUSIL VETTERLI

Le fusil Vetterli, que l'armée suisse possède depuis 1870, ressemble beaucoup au précédent, sinon dans les détails, mais le transporteur est absolument identique.

FUSIL KRAG PETERSON

Ce système est à culasse tombante, ce qui fait qu'on a utilisé le dessus du bloc comme transporteur de cartouches, en le creusant en forme d'auget. Ce bloc peut s'abaisser de façon à ce que l'auget descende au niveau du tube-magasin, qui est dans le fût pour y prendre une cartouche; en remontant, il la place devant le canon, où elle s'introduit par la fermeture de la culasse mobile.

FUSIL KROPATSCHEK

Le Kropatschek, dont nos troupes de marine sont armées depuis 1880, est, comme arme, identique au fusil Gras dont il tire les cartouches; son système de répétition est le même que celui du fusil autrichien Fruwirth, dont le transporteur est une cuiller en forme d'auget placée sous la culasse mobile et qui vient chercher les cartouches, à mesure qu'elles sortent du tube-magasin, placé dans le fût.

La culasse mobile étant fermée, l'auget en face du magasin est chargé d'une cartouche que le ressort à boudin n'a poussée dessus; si l'on ouvre la culasse, la tête mobile vient heurter le butoir de relèvement de l'auget et le soulever de façon à ce que la cartouche se trouve en face du canon, où elle entre par l'effet de la fermeture de la culasse.

FUSIL HOTCHKISS

Le fusil Hotchkiss est un perfectionnement du Spencer, adapté à l'arme, qui est à verrou. Le magasin qui est dans la crosse débouche dans la boîte de culasse, sous le verrou, de sorte que lorsque la culasse mobile s'ouvre, une cartouche sortant du tube magasin vient s'y placer; quand on la ferme elle pousse cette cartouche dans le canon.

FUSIL PRUSSIEN

Le nouveau fusil allemand, qui porte officiellement le nom de fusil Mauser 71-84, est un fusil Mauser dont on a perfectionné l'extracteur, qui rejette automatiquement la douille vide de la cartouche, qu'il fallait auparavant faire sortir de la culasse avec le doigt, et auquel on a ajouté un mécanisme à répétition qui ressemble beaucoup à celui du Kropatscheck.

Le magasin est un tube creusé dans le bois, sous le canon du fusil, où naturellement les cartouches, au nombre de huit, sont placées bout à bout derrière le ressort à boudin, qui tend à les pousser dans un auget en forme de cuiller.

Cet auget est mobile autour d'un axe, le second de nos dessins le montre abaissé, de façon à recevoir la cartouche qui vient du tube magasin, le premier le fait voir relevé pour présenter la cartouche à l'entrée du canon, où, comme dans tous les systèmes que nous venons d'étudier, elle sera introduite par le mouvement de la fermeture de la culasse mobile.

Il n'y a là rien de nouveau, car si le ressort qui tend à faire basculer l'auget est une modification suffisante pour que l'inventeur puisse prendre un brevet, il ne change absolument rien à la valeur de l'arme, dont on a tant parlé, qu'elle était célèbre avant qu'on la connût.

Qu'a-t-elle de plus que les autres fusils à répétition? rien en ce sens que le petit levier qui sert à immobiliser l'auget a son équivalent dans tous les systèmes, qui peuvent aussi bien que le nouveau Mauser être chargés à la main et employés comme le fusil à un seul coup.

FUSIL FRANÇAIS

Nous ne ferons ici aucune description du fusil à répétition que l'on fabrique en ce moment pour nos soldats, non pas que nous estimions que l'on puisse garder longtemps le secret de sa fabrication, mais parce que nous ne voyons à entretenir nos lecteurs de choses que nous ne connaissons peut-être qu'imparfaitement, ni utilité, ni profit pour eux, et qu'en tous cas il vaut mieux n'en pas parler.

Le fusil français n'est pas encore fait, du moins, en quantités suffisantes pour que tous les régiments pussent en être armés, si nous avions la guerre.

Mais, quand bien même nous serions pris à l'improviste et obligés de nous défendre à bref délai, nos soldats avec leurs fusils Gras, qu'ils connaissent bien, ne seraient pas placés dans des conditions d'infériorité vis-à-vis de l'ennemi, car ils peuvent avoir un tir plus sûr et tout aussi rapide, sinon plus, que les Allemands avec leurs fusils à répétition, qui ne doit pas être d'un maniement très simple, puisque les instructions du grand état-major prescrivent de ne le donner qu'aux soldats ayant au moins deux ans de service.

Le récit que M. Georges Thiébaud a fait dans le *Figaro* d'expériences décisives et réitérées au camp de Châlons va nous en donner la preuve:

« La commission de tir, après avoir étudié tous les systèmes de fusil à répétition — il y en a un assez grand nombre de provenances américaine, anglaise ou autrichienne — et après avoir éliminé, par un sérieux examen préalable, les modèles inacceptables, a conservé les principaux et les a soumis à l'épreuve comparative suivante :

« On a pris des capitaines choisis et on les a armés chacun d'un modèle différent de fusil à répétition. Puis, en concurrence avec eux, on leur a opposé un capitaine armé du Gras. Les tireurs ont été placés en ligne au champ de tir, avec des cartouches à volonté devant eux

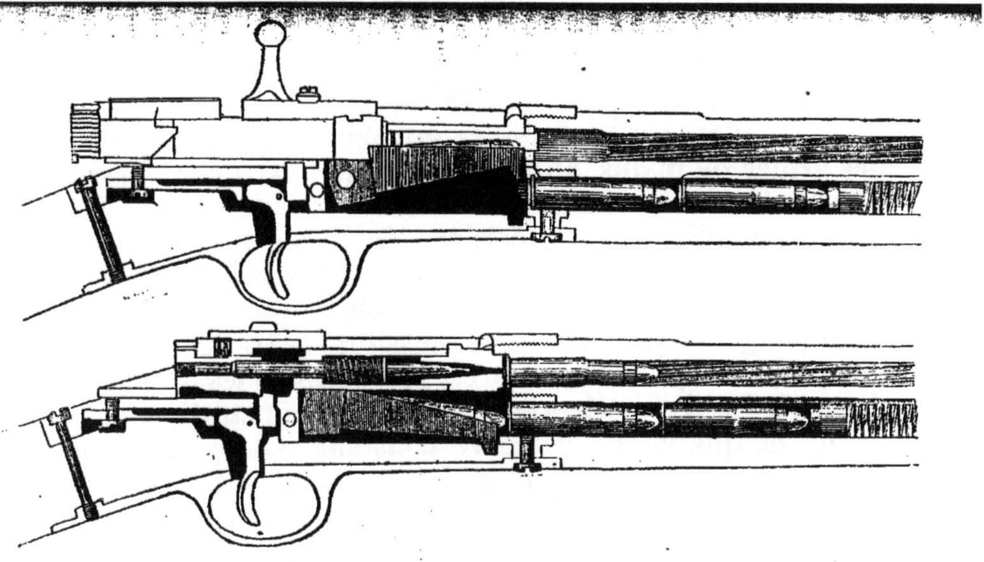

Le fusil à répétition prussien.

« Alors, montre en main, un chef a dirigé et commandé le feu.

« A la minute écoulée, le commandement : Cessez le feu ! arrête instantanément la fusillade. On compte aussitôt les douilles de cartouches tirées ou, ce qui revient au même, celles qui restent, et l'on compare. Or, le Gras, quoique rechargé à chaque coup, atteint le chiffre de 21, 22 et même 23 coups à la minute, tandis que le plus rapide des systèmes à répétition ne dépasse pas 13, 14 ou 15.

« Ce n'est pas tout. Pour contrôler l'expérience, on change les armes de mains, afin de neutraliser par cette substitution l'habileté individuelle. La fusillade recommence dans les mêmes conditions de précision, de durée et de commandement, et à chaque opération, le Gras conserve l'avantage, sans brûler les doigts de son porteur, alors que quelques tireurs sont obligés de jeter leur arme aussitôt l'ordre de : Cessez le feu !

« Ce n'est pas une fois, c'est presque tous les jours, pendant les périodes d'expériences, que cette démonstration se renouvelle et que le fait demeure constant. Le signataire de ces lignes a vu, de ses yeux, le Gras tirer jusqu'à 24 et 27 coups en une minute. Mais il est juste d'ajouter que le tireur possédait une dextérité extraordinaire, à laquelle atteindraient difficilement nos meilleurs porteurs d'épinglettes. Ce qui fait que la moyenne du Gras doit être fortement réduite de 18 à 20 coups environ et, telle quelle, cette moyenne reste supérieure à celle des fusils à répétition.

« Et cela se comprend. Dans l'arme à répétition, quand le magasin est épuisé, il faut un temps relativement considérable pour le recharger à fond, et ce n'est pas toujours aisé sous un feu vif en rase campagne. Tandis que pour le chargement du Gras à chaque coup, ce n'est plus qu'une affaire de dextérité et d'habitude, un tour de main à acquérir.

« Mais alors, dira-t-on, si le fusil Gras possède cette supériorité constatée, pourquoi le changer par un autre, et à quoi bon un nouveau fusil ?

« L'objection est naturelle, la réponse ne l'est pas moins. C'est qu'on ne change pas le fusil Gras, on le perfectionne, et que le fusil Gras-Lebel, qui conserve le nom de son auteur primitif, est une arme encore meilleure, perfectionnée qu'elle est par son calibre, par sa précision et enfin par l'adjonction, en tout état de cause, d'un système à répétition capable de parer à tous les incidents imprévus, à toutes les surprises du combat.

« C'est aussi et surtout parce que, le moral des troupes étant un facteur essentiel, on n'hésite pas, afin de dissiper toutes les appréhensions et donner toute confiance au fantassin, à lui remettre un fusil à répétition contre des adversaires plus ou moins pourvus de cette arme.

« Et l'on fait bien, dût-il en coûter gros. »

En résumé, les fusils à répétition présentent, tous, en proportions variables, selon le plus ou moins de perfection du système, les mêmes qualités et les mêmes défauts, mais bien plus de défauts que de qualités.

Ils n'offrent en réalité qu'un avantage, celui de pouvoir tirer très vite, mais cet avantage se limite à la défense d'un retranchement bien approvisionné de munitions, ou à celle d'un carré contre une charge de cavalerie, que l'on peut quelquefois, par un tir précipité, empêcher d'approcher, car en bataille rangée il devient illusoire, et par cela même très dangereux.

En effet, il importe peu qu'un homme puisse tirer quinze ou vingt coups de fusils dans une minute, s'il ne peut avoir avec lui que quatre-vingts cartouches ; il sera donc désarmé au bout de cinq minutes.

Mais, dira-t-on, il peut ménager ses munitions et c'est pour obtenir ce résultat qu'il est recommandé, dans la nouvelle tactique, ou de garder le magasin plein, comme une réserve, en cas de surprise, ou, lorsqu'il est vide, de tirer coup par coup comme avec un fusil ordinaire, car si l'on voulait recharger le tube, on perdrait un temps si considérable qu'il y aurait même désavantage à se servir du système de la répétition pour continuer le combat.

Soit, mais alors on peut se demander si c'était bien la peine d'embarrasser le soldat d'un fusil à répétition, qui est plus lourd, moins maniable, d'une portée infiniment plus réduite et d'une justesse de tir fort douteuse.

Quel que soit le système adopté, et du moment où le fusil est embarrassé d'un magasin ou d'un chargeur quelconque, le tir ne présente plus d'efficacité que sur des masses profondes... que l'ennemi n'offre plus, depuis la nouvelle tactique de guerre.

On peut même assurer que le meilleur tireur, même placé en embuscade, même opérant avec le plus grand sang-froid, ne sera jamais sûr de son coup, comme avec un fusil simple, par la raison que le déplacement successif des cartouches du magasin, et par suite la diminution progressive du poids du fusil, change continuellement son centre de gravité, et c'est absolument comme si l'on se servait d'une arme nouvelle à chaque coup.

Et ce n'est pas encore là le seul côté défectueux des fusils à répétition, on peut ajouter encore :

La consommation énorme, et souvent inutile, des munitions;

L'accroissement notable du poids du fusil et de la charge du soldat, à qui l'on essaiera évidemment de faire porter davantage de cartouches ;

L'encrassement du tonnerre, et par suite le crachement dans les yeux du tireur;

L'échauffement du canon du fusil, qui devient inmaniable au bout de deux minutes de tir précipité, souvent même avant.

Sans compter les inconvénients particuliers à chacun des systèmes connus, qui malgré l'habileté des constructeurs sont encore loin d'être parfaits.

D'où l'on arrive à conclure que si le fusil à répétition est une excellente arme de rempart, c'est une très médiocre arme de bataille.

Jusqu'à présent du moins, car on ne sait pas encore au juste ce que donnera le fusil à répétition, qu'on fabrique en ce moment pour notre armée.

Peut-être n'aura-t-il aucun des défauts de ses prédécesseurs.

Il est du moins permis de l'espérer.

L. Huard.

TABLE DES MATIÈRES

Sceaux. — Imp. Charaire et Cie.